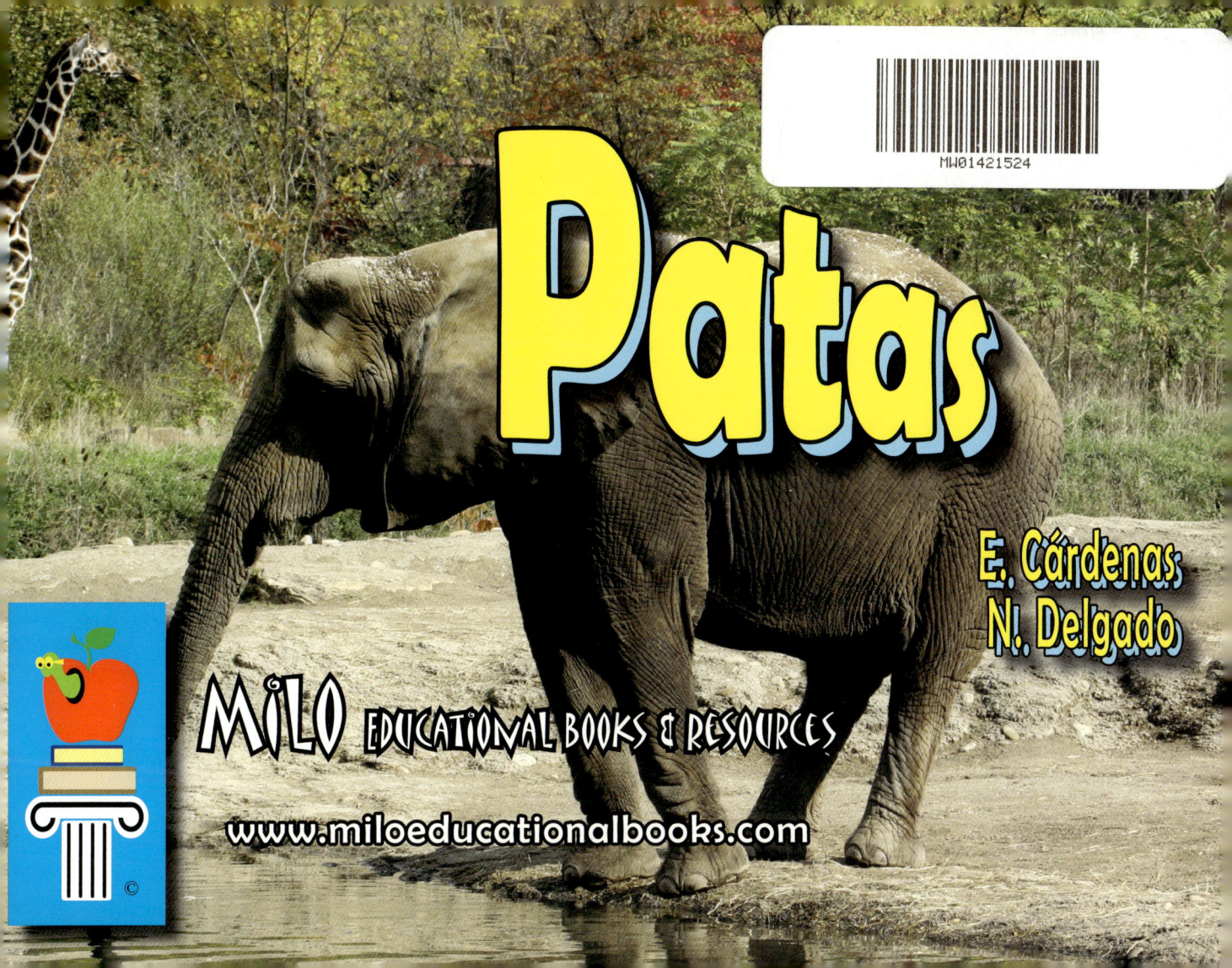

Patas

E. Cárdenas
N. Delgado

MILO EDUCATIONAL BOOKS & RESOURCES

www.miloeducationalbooks.com

Publicado por:

www.miloeducationalbooks.com
P.O. Box 41353, Houston, Texas 77241-1353
Phone: (888) 640-MILO & (281) 477-3232
Fax: (888) 641-MILO & (281) 477-3244

Copyright © 2006 Milo Educational Books & Resources

Patas escrito por E. Cárdenas y N. Delgado

ISBN: 1-933668-91-1   Pasta rústica (paperback)
       1-933668-92-X   Paquete de 6 pasta rústica (6-pack paperback)
       1-933668-93-8   Pasta rústica tamaño grande (big book paperback)

Library of Congress Control Number: 2006906301

Primera edición

Impreso en Israel

Visite nuestra página en la Internet en www.miloeducationalbooks.com para más información y recursos para estudiantes, maestros y padres.

Derechos reservados. Este libro o las partes del mismo no se pueden reproducir o ser usadas en ninguna forma – gráfica, electrónica o mecánica, incluso fotocopias, grabaciones u otros sistemas de almacenamiento o recobro de información – sin la autorización previa y por escrito de la editorial. Copias hechas de este libro, o de cualquier porción, es una infracción a las leyes del derecho de autor de los Estados Unidos.

Créditos gráficos:

Portada, contraportada y pág. 1: © 2006 Robert Pernell/ShutterStock, Inc.; Págs. 3 y 4: © 2006 Leah-Anne Thompson/ShutterStock, Inc.; Págs. 5 y 6: © 2006 Victor I. Makhankov/ShutterStock, Inc.; Págs. 7 y 8: © 2006 Paul Yates/ShutterStock, Inc.; Págs. 9, 10, 13 y 14: © 2006 Yuriy Korchagin/ShutterStock, Inc.; Págs. 11 y 12: © 2006 Sandeep J Patil/ShutterStock, Inc.; Págs. 15 y 16: © 2006 Timothy E. Goodwin/ShutterStock, Inc.; Números págs. 3, 5, 7, 9, 11, 13 y 15: © 2006 Dawn Hudson/ShutterStock, Inc.

Yo tengo dos patas.

Soy un flamenco.

Yo tengo cuatro patas.

Soy un caballo.

Yo tengo seis patas.

Soy una hormiga.

Yo tengo ocho patas.

Soy una araña.

Yo tengo diez patas.

Soy un cangrejo.

Yo tengo muchas patas.

Soy un ciempiés.

Yo no tengo patas.

Soy un caracol.